À Mitchell Resnick, pour Scratch,
à Karen Brennan, pour l'inspiration.

Pour Magic Makers :
Direction : Claude Terosier
Conception et rédaction : Liliane Khamsay

Pour Gallimard Jeunesse :
Responsable éditorial : Thomas Dartige
Suivi d'édition : Éric Pierrat
Édition : Marie Mazas
Mise en page et couverture : Cédric Ramadier
Illustrations : Gilles Capelle
Correction : Isabelle Haffen

AVERTISSEMENTS AUX JEUNES CODEURS À PROPOS D'INTERNET

Aller sur Internet c'est super-amusant !
Voici quelques règles simples à suivre pour surfer sur la toile sans danger :
- Ne donne jamais ton vrai nom.
- Ne l'utilise pas comme identifiant.
- Ne révèle pas d'informations personnelles.
- Ne dis à personne quelle école tu fréquentes ni quel âge tu as.
- Ne donne à personne ton mot de passe ou bien seulement à tes parents
ou à un adulte qui est responsable de toi.
- Fais bien attention, sur la plupart des sites, il faut avoir au moins 13 ans
pour créer son propre compte. Vérifie toujours quelle est la règle du site
sur lequel tu es et demande la permission à tes parents
ou à ton responsable légal avant de t'enregistrer sur ce site.
- Parle tout de suite à tes parents ou à ton responsable légal
de ce qui peut t'inquiéter ou te soucier sur Internet.

La sécurité sur Internet : les adresses des sites données dans ce livre sont valables
au moment où il part en impression. Gallimard Jeunesse ne peut pas être tenu
pour responsable du contenu de ces sites. Soyez bien conscient que le contenu des sites
peut changer et devenir déconseillé aux enfants. Nous recommandons vivement que
les enfants n'utilisent pas seuls Internet mais seulement sous la surveillance d'un adulte

Scratch est un projet du groupe Lifelong Kindergarten au Media Lab du MIT.
Il est disponible gratuitement à :
http://scratch.mit.edu

Le nom Scratch, le logo Scratch,
le chat Scratch et Gobo sont des marques déposées par la Scratch Team.

Le nom MIT et le logo sont des marques déposées
par le Massachusetts Institute of Technology.

Apprends à programmer avec SCRATCH

Crée tes JEUX et tes animations !

par Liliane Khamsay et Claude Terosier

Gallimard Jeunesse

Sommaire

10-11
Découvre le code

12-13
Crée un compte

14-15
Connecte-toi

16-17
Le langage Scratch

18-19
L'interface

20-21
La communauté

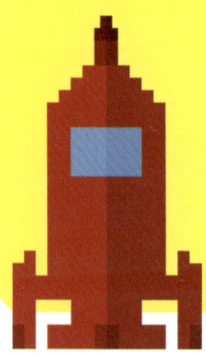

22-26
Crée ta première animation

27-31
Présente ton héros

32-35
Réalise un dessin automatique

36-42
Imagine une histoire

43-48
Interagis avec le joueur

49-54
Code ton premier jeu

55-59
Ajoute un score à ton labyrinthe !

Découvre le code

Tu ne le vois pas, mais il y a du code informatique tout autour de toi !

Le code informatique, il y en a bien sûr dans les ordinateurs, les tablettes et les smartphones. Mais sais-tu que si les portes de l'ascenseur s'ouvrent, si le radiateur se met à la bonne température ou si la voiture signale qu'il n'y a plus de carburant, c'est aussi grâce à des programmes informatiques ?

C'est quoi, le code informatique ?

Grâce au code informatique, un humain peut programmer un logiciel ou un ordinateur pour interagir avec lui. Eh oui, sans instruction, un ordinateur est une boîte vide !
Et sans code, pas de sites internet, de jeux vidéo ou de robots !

Apprendre à coder te permettra donc de demander ce que tu veux à un ordinateur ou une machine, et de créer aussi des choses qui n'existent pas encore ! Mais comment dire à une machine ce que tu veux qu'elle fasse ? Eh bien, en utilisant un langage de programmation (comme Scratch par exemple), qui va traduire tes instructions en langage machine composé de 0 et de 1, le seul langage que comprend ton ordinateur.

Pourquoi apprendre les bases du code ?

Pour comprendre les technologies qui t'entourent, les machines que tu utilises, et puis pour inventer toi aussi tes propres programmes, par exemple des histoires ou des jeux que personne d'autres n'a jamais imaginés !

Magic Makers a été fondée en 2014 par Claude Terosier. À travers des ateliers de programmation créative, Magic Makers fait découvrir le code informatique à tous ceux qui veulent créer leurs jeux, inventer leur univers numérique, programmer des robots...

La méthode de Magic Makers s'appuie notamment sur **Scratch**, un langage de programmation développé par le très célèbre MIT, l'Institut de Technologie du Massachusetts aux États-Unis. Il a été spécialement conçu pour les enfants et on l'utilise dans le monde entier.

Chez Magic Makers, la programmation est un jeu d'enfant qui s'appuie sur quelques règles simples :

- ✳ Faire des essais et tester soi-même ses idées. Car oui, les erreurs font progresser !
- ✳ Échanger son expérience et partager ses projets en communauté.
- ✳ Développer ses capacités de raisonnement pour apprendre à apprendre !
- ✳ Laisser libre cours à son imagination pour inventer des projets mais aussi des solutions !
- ✳ S'amuser et prendre plaisir à créer !

Crée un compte

**Avant de commencer à programmer,
crée ton compte pour enregistrer tes futurs projets !**

① Commence par ouvrir un navigateur connecté à Internet et saisis dans la barre l'adresse : **https://scratch.mit.edu**

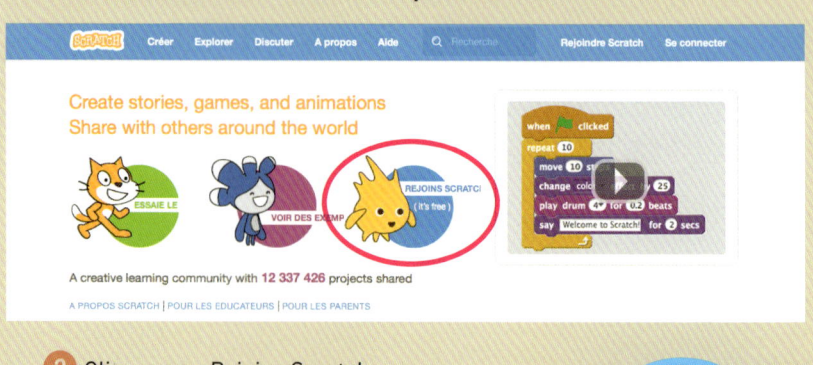

② Clique sur «Rejoins Scratch».

③ Choisis ton nom d'utilisateur et ton mot de passe, puis clique sur «Suivant».

LE COUP D'ŒIL DE FÉLIX

Attention! Ton nom d'utilisateur sera visible par tout le monde sur Internet. Choisis plutôt un pseudonyme qui ne contient pas ton nom de famille. Pour le mot de passe, privilégie une combinaison de caractères facile à retenir pour toi, mais difficile à deviner pour les autres (comme une phrase par exemple).

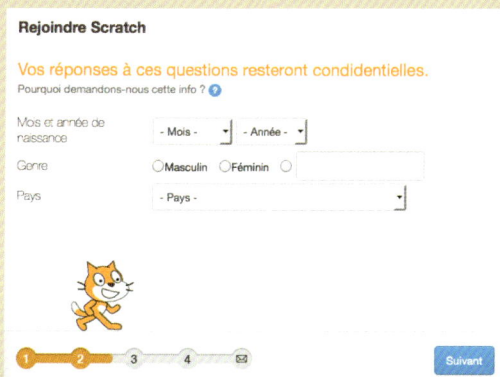

④ Renseigne les différents champs : ton mois et ton année de naissance, ton genre (si tu es une fille ou un garçon), ton pays, et clique sur «Suivant».

⑤ Renseigne l'adresse e-mail de tes parents (ou la tienne) avec leur accord et confirme-la en la réinscrivant dans le deuxième champ, puis clique sur «Suivant».

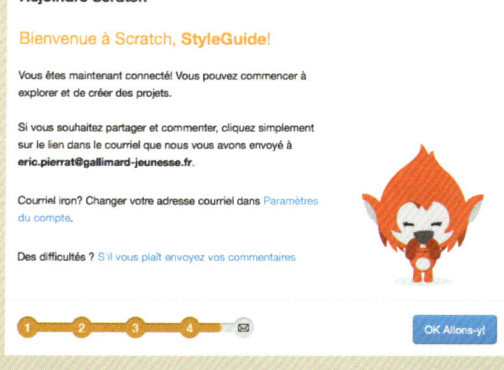

⑥ Demande à tes parents de confirmer leur adresse électronique en cliquant sur le lien dans l'e-mail qu'ils ont reçu, et c'est parti!

Connecte-toi

Accède à ton profil et personnalise-le !

① Une fois ton compte créé, tu peux y accéder à partir de la page d'accueil de Scratch, en cliquant sur le bouton « Se connecter » en haut à droite.

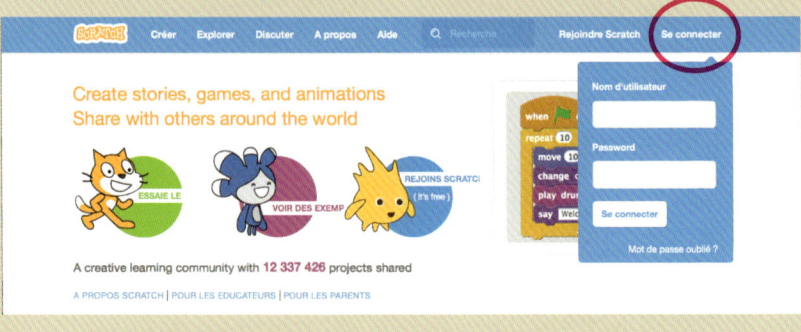

② Dans ta boîte à lettres, un message confirme l'activation de ton compte.

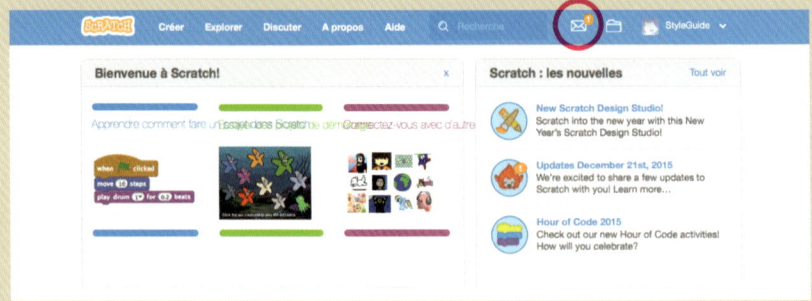

3️⃣ En cliquant sur ton nom d'utilisateur en haut à droite, tu peux accéder à ton profil, ou encore à tes projets.

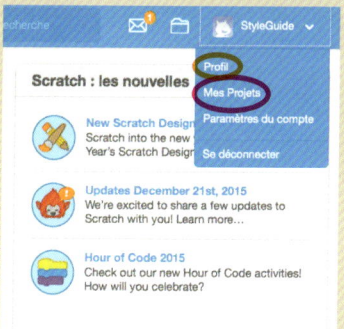

4️⃣ Sur ta page de profil, tu peux changer ta photo, donner des renseignements sur tes projets et les partager.

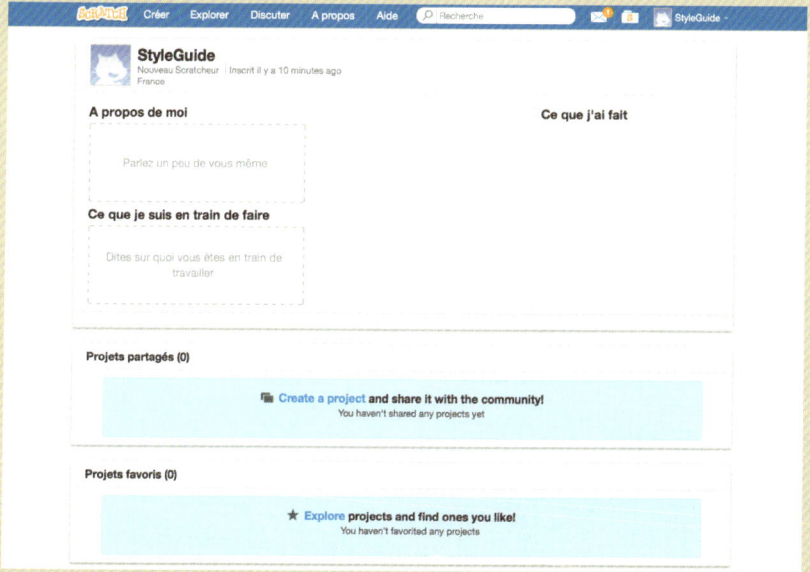

Le langage Scratch

Apprendre à utiliser Scratch, c'est un peu comme apprendre à se servir d'une boîte à outils ! Découvre les éléments dont tu auras besoin pour coder.

Les lutins

Dans Scratch, un lutin est un objet que tu vas animer à l'aide du code. Il peut s'agir d'un personnage, mais aussi d'un objet ou d'un élément de décor.

Les arrière-plans

Ce sont des décors que tu peux ajouter à tes histoires ou tes jeux.

Les blocs

Scratch permet de construire un programme en assemblant des instructions comme des pièces de puzzle. Chaque instruction s'appelle un bloc. Il y a :
• **les blocs déclencheurs** :

De couleur marron, ils indiquent un événement et démarrent un bout de code.

• **les blocs d'instruction** :

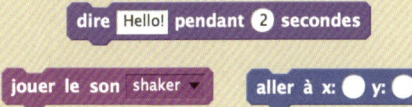

Ils sont classés par catégories (mouvement, son, apparence...) et ont une encoche en haut et en bas pour s'accrocher les uns aux autres.

Le drapeau vert

Il donne le signal du départ. En cliquant dessus, tu ordonnes à ton lutin d'exécuter les instructions que tu as codées.

Pour que ce bouton fonctionne, on place toujours en premier dans le code le bloc

Le bouton rouge

Il arrête l'exécution du code.

L'interface

Découvre l'organisation de l'interface en toute facilité !

Pour naviguer

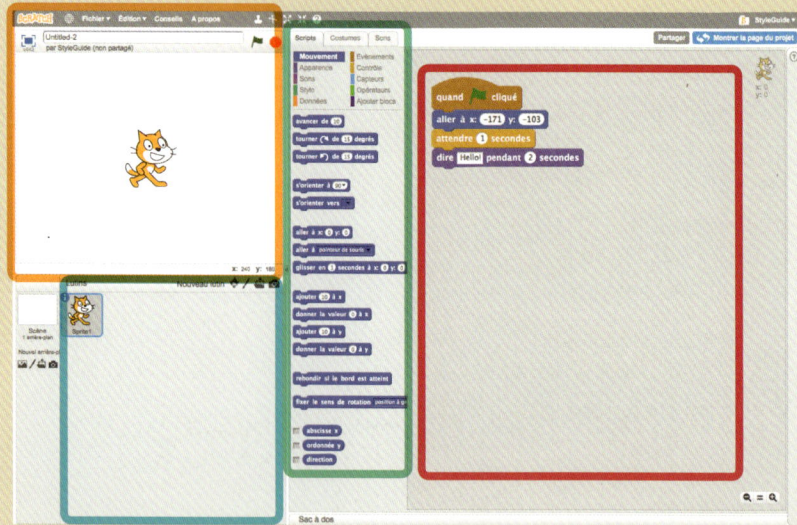

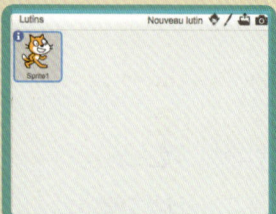

La liste des lutins

Ici, tu peux voir l'ensemble des lutins que tu as créés. Tu peux les modifier en cliquant sur leur icône.

La scène

Elle te permet de voir le résultat de l'instruction que tu as donnée et donc de tester immédiatement ton code ! Pour que ton lutin « joue » ses instructions, clique sur le drapeau vert.

LE CONSEIL DE LILI

Pour réduire la taille de la scène et agrandir la fenêtre de code, clique sur « Édition » dans la barre grise tout en haut, puis sur « Petite scène ».

Pour agrandir la scène en plein écran, clique sur 🔳 en haut à gauche.

Pour revenir à l'interface générale, clique sur 🔳

La colonne des commandes

Chaque bloc correspond à une commande qui a été programmée en langage informatique.
Dans Scratch, elles sont classées par catégories. Tu découvriras leur utilité dans ce livre.

La fenêtre de code

C'est dans cette zone que tu vas glisser les blocs d'instruction pour construire ton programme.

20

La communauté

Scratch, c'est aussi une communauté ! Pense à partager tes projets, à découvrir et commenter ceux des autres ou à demander de l'aide !

---

1) Nomme ton projet

Par défaut, ton projet est nommé « Untitled », c'est-à-dire « Sans titre ». Commence par lui donner un nom dans la barre qui se trouve au-dessus de l'écran.

2) Sauvegarde

Lorsque tu es en ligne, Scratch sauvegarde automatiquement tes projets.

Par précaution, tu peux cliquer dans la barre grise tout en haut sur « Fichier » puis « Sauvegarder maintenant ». Fais-le régulièrement pour ne pas perdre ce que tu as codé en cas de problème.

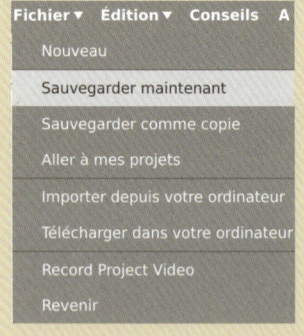

Pour accéder à la liste de tous tes projets, clique sur le petit dossier avec un S :

③ Partage

Tant que ton projet n'est pas partagé, il n'est visible que par toi. Pour le rendre visible à tout le monde, clique sur le bouton `Partager` en haut à droite.

④ Remixe

Tu peux aussi remixer le projet de quelqu'un d'autre, c'est-à-dire repartir d'un projet déjà existant et le modifier pour l'améliorer ou l'adapter.

Quand tu ouvres le projet, clique sur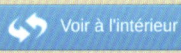
Puis sur `Remix`

Si tu choisis de remixer le projet de quelqu'un d'autre, n'oublie pas de préciser, dans la rubrique « crédits », comment tu as modifié le projet original. Tu peux même remercier son auteur !

④ Discute avec les autres

Dans la barre bleue de l'accueil, clique sur « Discuter » pour te rendre sur le forum. Sélectionne le forum français et partage tes questions et tes idées avec le reste de la communauté !

AVANT DE COMMENCER !
Télécharge tes lutins et décors

Pour réaliser les 7 projets du livre, tu peux télécharger tous les lutins et tous les décors utilisés dans ce guide en saisissant l'URL suivant :
www.gallimard-jeunesse.fr/scratch
Sur cette page, tu auras aussi accès directement aux 7 projets réalisés sur le site même de Scratch.

Crée ta première animation

C'est parti pour ton premier programme : apprends à animer un lutin !

1. Dans une lointaine galaxie tournait une planète toute petite.

2. Les étoiles scintillaient autour d'elle, et elle tournait...

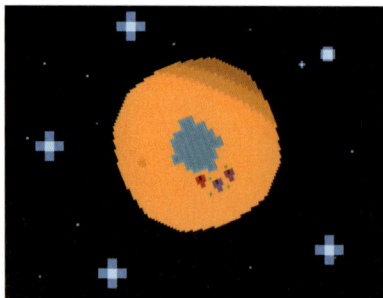

3. ... et elle tournait...

4. ... et elle tournait indéfiniment.

Ta mission : programmer une planète qui tourne indéfiniment !

Quelques indices

Au départ...

1) Choisis un lutin.
Va sur la barre sous la scène et clique sur :

- sélectionner un lutin dans la bibliothèque
- dessiner un lutin
- importer un lutin depuis ton ordinateur
- créer un lutin à partir de ta webcam

Pour ta mission :
Importe le lutin « Planète ».
Ton lutin apparaît sur la scène.

2) Nomme ton lutin.
Clique sur le 🛈 qui apparaît sur la vignette de ton lutin. Dans la barre de texte, tu peux modifier son nom.

3) Place ton lutin.
Quand tu choisis ton lutin, il se place automatiquement sur la scène.
Pour le positionner ailleurs, déplace-le avec ta souris.

Tu as remarqué ? Quand tu bouges ton lutin, ses coordonnées changent : la valeur de sa position sur l'axe horizontal (x) et la valeur de sa position sur l'axe vertical (y) varient.

4) Choisis un arrière-plan.
Va en bas à gauche sous la scène dans la colonne des arrière-plans pour en ajouter un.

Pour ta mission :
Importe l'arrière-plan
« Décor-ciel nocturne ».

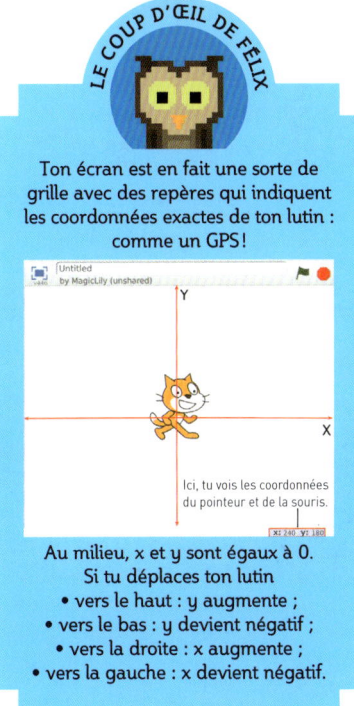

LE COUP D'ŒIL DE FÉLIX

Ton écran est en fait une sorte de grille avec des repères qui indiquent les coordonnées exactes de ton lutin : comme un GPS!

Au milieu, x et y sont égaux à 0.
Si tu déplaces ton lutin
- vers le haut : y augmente ;
- vers le bas : y devient négatif ;
- vers la droite : x augmente ;
- vers la gauche : x devient négatif.

5) Nomme ton arrière-plan.
Dans la barre de texte en haut, tu peux modifier son nom.

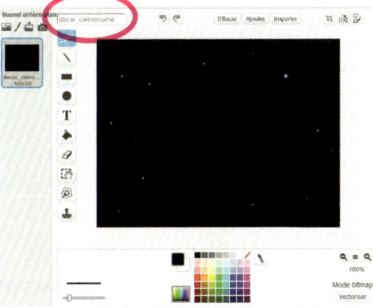

Appelle ton décor « Univers ».

Que va-t-il se passer ?

6 Insère le bloc Départ.

Va dans les Scripts **Événements** et choisis le bloc

Ajoute-le au départ du code de chaque lutin.

7 Place ton lutin.

Fixe la position de départ de ton lutin pour être sûr qu'il ne bouge pas suite à une mauvaise manipulation. Dans les Scripts **Mouvement**, prends le bloc

et place-le sous le bloc

8 Fais tourner un lutin.

Va dans les Scripts **Mouvement** et choisis le bloc

`tourner ↺ de 15 degrés`

Glisse-le dans le code de ton lutin.

Clique sur 🚩 : ton lutin tourne une fois de 15 degrés.

9 Répète une rotation.

Répète maintenant 4 fois l'instruction en ajoutant 3 autres blocs « Tourner » :

`tourner ↺ de 15 degrés`
`tourner ↺ de 15 degrés`
`tourner ↺ de 15 degrés`
`tourner ↺ de 15 degrés`

Clique sur 🚩 : ton lutin semble ne tourner qu'une seule fois et arriver directement à la position finale. Eh oui, le mouvement va trop vite pour nos yeux !

10 Ralentis une rotation.

Va dans les Scripts **Contrôle** et choisis le bloc

`attendre 1 secondes`

Glisse-le entre les blocs « Tourner » :

`tourner ↺ de 15 degrés`
`attendre 1 secondes`
`tourner ↺ de 15 degrés`
`attendre 1 secondes`

Clique sur 🚩 : ton lutin tourne 4 fois, comme tu lui as demandé.

LE CONSEIL DE LILI

Tu veux changer de lutin ou le supprimer ?

Tu peux au choix :
> Cliquer sur les ciseaux dans la barre grise tout en haut, puis cliquer sur le lutin.

> Faire un clic-droit sur le lutin et sélectionner « supprimer ».

⑪ Répète une instruction.

Tu veux éviter de devoir copier plusieurs fois l'instruction ?

Va dans les Scripts **Contrôle** et choisis le bloc

`répéter 10 fois`

Place les instructions que tu veux répéter à l'intérieur :

```
répéter 4 fois
    tourner ↺ de 15 degrés
    attendre 1 secondes
```

N'oublie pas de modifier le nombre de répétition.

Clique sur  : ton lutin tourne 4 fois, comme tu lui as demandé.

⑫ Crée une boucle.

Tu veux que ton lutin tourne indéfiniment et avec régularité ?

Va dans les Scripts **Contrôle** et choisis le bloc

`répéter indéfiniment`

Glisse à l'intérieur le bloc

`tourner ↺ de 15 degrés`

Comme ceci :

```
répéter indéfiniment
    tourner ↺ de 15 degrés
```

Clique sur  : ton lutin tourne sans s'arrêter !

LE COUP D'ŒIL DE FÉLIX

Dans un programme informatique, une boucle permet de répéter une instruction indéfiniment sans avoir à la coder plusieurs fois.
Pour exécuter un morceau de code en boucle, on utilise le bloc

`répéter indéfiniment`

On glisse à l'intérieur l'instruction à répéter.

⑬ Ajuste la vitesse de rotation.

Ça va trop vite ? Essaie de changer la valeur de l'angle de rotation.

Tu as remarqué ? Plus la valeur est petite, moins ton lutin tourne vite.

Ajoute des effets !

⑭ Change le costume d'un lutin.

Pour voir les costumes d'un lutin, clique sur l'onglet « Costumes » dans la colonne centrale.

En basculant d'un costume à l'autre, tu changes l'apparence de ton lutin. Va dans les Scripts **Apparence** et choisis le bloc

`basculer sur costume cat1-a`

Si tu veux enchaîner plus de 2 costumes, va dans les Scripts **Apparence** et choisis le bloc

Pour donner l'impression que ton lutin court, danse... ou le faire passer d'une émotion à une autre, tu dois mettre ton instruction dans une boucle.

Pour ta mission :
• Importe les lutins « Stars » pour ajouter des étoiles dans le ciel.

• Place manuellement tes étoiles sur l'arrière-plan.

Tu vas maintenant faire scintiller une étoile. Pour cela, tu vas lui demander de changer de costume très rapidement.

Regarde dans l'onglet « Costumes » de ton étoile. Elle a deux costumes :

Va dans les Scripts **Apparence** et choisis le bloc

Clique sur 🚩 : ton étoile change 1 fois d'apparence.

Crée une boucle en le glissant à l'intérieur du bloc

Clique sur 🚩 : ton étoile scintille sans s'arrêter !

⓯ Ralentis le changement de costume.

Le changement est trop rapide ? Pour le ralentir, ajoute un temps d'attente entre chaque changement de costume.

Pour ta mission :
Ajoute 0,2 seconde d'attente entre chaque changement de costume.

⓰ Duplique un lutin.

Pour avoir plusieurs lutins identiques, fais un clic-droit sur le lutin et sélectionne « dupliquer ».

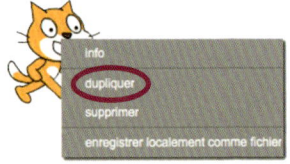

Pour ta mission :
• Ajoute plusieurs étoiles dans le ciel.

• Modifie le code de chaque étoile afin de les faire scintiller à différentes vitesses !

Bravo, tu viens de coder ton premier programme !

Retrouve le détail de ce projet sur
https://scratch.mit.edu/projects/99982827

Au fait, as-tu essayé de changer la couleur des étoiles ?

Présente ton héros

Joue avec les arrière-plans et avec les bulles pour présenter ton héros !

1. Dans cette lointaine galaxie vivait un extraterrestre...

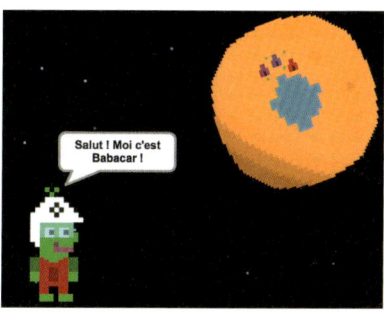

2. Salut ! Moi c'est Babacar !

3. J'adore faire des balades en fusée...

4. ... et je raconte mes aventures extraordinaires à mes parents !

Ta mission : programmer le portrait de Babacar !

Quelques indices

`basculer sur l'arrière-plan`

`quand l'arrière-plan bascule sur`

`dire` `montrer` `cacher`

Au départ...

❶ Prépare tes décors.
Ajoute des arrière-plans et nomme-les.

Pour ta mission :
Ajoute les arrière-plans :
• « Univers »

• « Surface-planète »

• « Maison »

N'oublie pas de cliquer sur le décor de départ de ton histoire dans la colonne centrale avant de coder pour commencer.

LE COUP D'ŒIL DE FÉLIX

Chaque lutin possède sa propre fenêtre de code dans l'onglet Scripts.
Pour aller sur la fenêtre de code d'un lutin, clique sur sa vignette sous l'écran à gauche.
Tu peux vérifier que tu es sur la bonne fenêtre de code grâce à l'image du lutin en haut à droite.

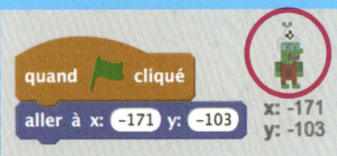

❷ Choisis tes lutins.
Ajoute des lutins et nomme-les.

Pour ta mission :
• Babacar   • Papa   • Maman

• La planète

❸ Place tes lutins.
Détermine la position de départ de chaque lutin à l'aide des blocs

Pour ta mission :
• Rentre les coordonnées de la planète :
x = 126 ; y = 70.

• Ajoute ensuite le code de la boucle pour faire tourner indéfiniment ta planète comme dans le Projet 1.

• Rentre les coordonnées de Babacar :
x = −171 ; y = −103.

Que va-t-il se passer ?

4 Fais parler ton héros dans une bulle.

Dans les Scripts **Apparence**, utilise le bloc

Clique sur 🚩 : la bulle de texte apparaît.

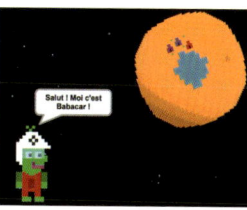

Maintenant, regarde ce qui se passe si tu utilises plutôt le bloc

Au bout de 2 secondes, la bulle de texte disparaît !

Pour ta mission :
Code le texte de Babacar dans 3 bulles et demande à chaque bulle de disparaître au bout de 2 secondes.
– Salut, moi, c'est Babacar !
– J'adore faire des balades en fusée…
– … et je raconte mes aventures extraordinaires à mes parents !

5 Retarde l'apparition du texte.

Tu ne veux pas que la bulle de texte apparaisse tout de suite ?
Facile ! Dans les Scripts **Contrôle**, choisis le bloc

attendre 1 secondes

Glisse-le avant la commande de texte :

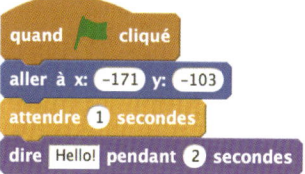

6 Change d'arrière-plan.

Tu souhaites faire passer ton héros dans un nouveau décor ? Va dans les Scripts **Apparence** et clique sur

basculer sur l'arrière-plan surface-planète

En cliquant sur la petite flèche noire à droite, tu peux choisir ton nouvel arrière-plan dans le menu déroulant qui s'affiche.

Pour ta mission :
• Fais basculer Babacar sur l'arrière-plan « Surface-planète » après qu'il a dit :
– Salut, moi, c'est Babacar !

• Fais basculer Babacar sur l'arrière-plan « Maison » après qu'il a dit :
– J'adore faire des balades en fusée…

7 Fais disparaître un lutin quand tu changes d'arrière-plan.

Clique sur 🚩 : ta planète tourne, ton lutin parle et le décor change. Mais la planète est toujours sur ton nouveau décor !

Comment la faire disparaître quand l'arrière-plan « Surface-planète » apparaît ?

Va sur la fenêtre de code de ton lutin « Planète ». Dans les Scripts **Apparence**, choisis le bloc

`cacher`

et glisse-le ainsi :

`quand l'arrière-plan bascule sur surface-planète`
`cacher`

Pour ta mission :
Indique dans la fenêtre de code de la planète que tu veux la cacher quand on passe au décor « Surface-planète ».

Clique sur 🚩 : ta planète n'apparaît plus du tout, même pas sur le premier arrière-plan !
Eh oui, si tu lui demandes de se cacher une fois, il faut lui donner l'instruction de se montrer avant.

Pour cela, va dans les Scripts **Apparence** et choisis le bloc

`montrer`

LE COUP D'ŒIL DE FÉLIX

Même caché, un lutin va continuer une action si tu lui as ordonné auparavant de la répéter indéfiniment !
Tu peux donc lui dire d'arrêter cette boucle infinie lorsqu'il est invisible.
Pour cela, va dans les Scripts **Contrôle** et choisis le bloc

`stop tout`

Clique sur la flèche noire à droite pour sélectionner « autres scripts du lutin » et insère ce bloc ainsi :

`quand l'arrière-plan bascule sur surface-planète`
`cacher`
`stop autres scripts du lutin`

Pour ta mission :
Ajoute cette instruction au début du code de ta planète :

`quand 🚩 cliqué`
`montrer`
`aller à x: 126 y: 70`

De cette manière, ton lutin apparaît au début de ton animation, puis disparaît lorsque l'arrière-plan change !

8 Fais apparaître un lutin quand tu changes d'arrière-plan.

Pour faire apparaître un lutin, procède à l'opération inverse.
Dans la fenêtre de code de ce nouveau lutin, demande-lui de se cacher au début du programme.
Puis dis-lui d'apparaître lorsque l'arrière-plan bascule sur le décor de ton choix.

Pour ta mission :
Demande à Papa et Maman de n'apparaître que dans le décor « Maison ». :

`quand ⚑ cliqué`
`cacher`

`quand l'arrière-plan bascule sur maison ▼`
`montrer`

Ajoute des effets !

9 Fais bouger ton personnage.

Dans la fenêtre de code de ton lutin, tu peux le faire bouger de différentes façons à l'aide des instructions qui se trouvent dans les Scripts **Mouvements**.

• `avancer de 10` fait avancer le lutin du nombre de pas que tu lui indiques.

Par défaut, il se déplace en ligne droite vers la droite. Pour le déplacer vers la gauche, tape un nombre négatif.

• `glisser en 1 secondes à x: 126 y: 70` commande au lutin de glisser vers une position précise dans un temps donné. En modifiant le nombre de secondes, tu peux le faire bouger plus ou moins vite.

LE CONSEIL DE LILI

Pour plus de facilité, utilise ta souris pour déposer ton lutin à l'emplacement de ton choix.
Ensuite seulement, sélectionne le bloc

`glisser en ⬤ secondes à x: ⬤ y: ⬤`

Les bonnes valeurs de x et y sont automatiquement mises !

• `rebondir si le bord est atteint` permet au lutin de ne pas rester bloqué quand il arrive à la limite de l'écran et de repartir dans l'autre sens.

• `tourner ↻ de 15 degrés` fait tourner le lutin selon l'angle de rotation demandé.

10 Crée des respirations entre deux phrases.

Dans les Scripts **Contrôle**, utilise le bloc

`attendre 1 secondes`

et intercale-le entre deux instructions de texte pour créer une respiration entre les phrases que prononce ton personnage.

En bref

Bravo, tu viens de créer ta première petite histoire en faisant parler ton héros et en changeant des décors !

Retrouve le détail de ce projet sur
https://scratch.mit.edu/projects/99983572

Réalise un dessin automatique

Amuse-toi avec les effets visuels et sois créatif !

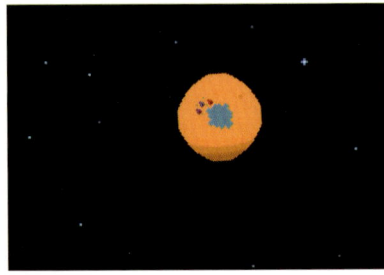

1. Alors qu'elle tournait tranquillement au milieu des étoiles...

2. ... la planète de ton héros subit un cataclysme mystérieux.

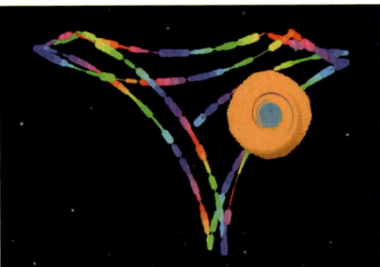

3. Elle se met à sortir brusquement de sa trajectoire normale...

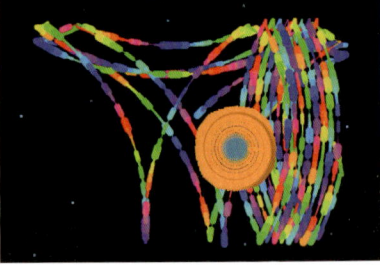

4. ... mettant toute sa petite galaxie sens dessus dessous.

Ta mission : programmer un cataclysme !

Quelques indices

`stylo en position d'écriture`   `jouer le son shaker`

`nombre aléatoire entre ⬤ et ⬤`

`ajouter à l'effet tournoyer ⬤`

Au départ...

1) Prépare ton lutin et ton arrière-plan.

Ajoute un lutin et un arrière-plan, et nomme-les.

Pour ta mission :
• Reprends l'arrière-plan « Univers » et le lutin « Planète » du Projet 1.
• Place ta planète aux coordonnées x = 1 ; y = 12.
• Demande à la planète de tourner indéfiniment.

```
répéter indéfiniment
    tourner ↻ de 2 degrés
```

Que va-t-il se passer ?

2) Détermine la trajectoire de ton lutin.

Pour l'instant, ton lutin tourne sur place. Pour qu'il se déplace, choisis dans les Scripts **Mouvement** le bloc

`avancer de 1`

Et glisse-le dans la boucle :

```
répéter indéfiniment
    tourner ↻ de 2 degrés
    avancer de 1
```

Clique sur 🚩 : le lutin tourne en orbite autour de sa position initiale !

LE CONSEIL DE LILI

L'outil « sac-à-dos » sert à garder des bouts de code. Son rôle ? T'éviter de les réécrire pour les réutiliser !

Pour l'ouvrir, clique sur la barre sous la fenêtre de code. Glisse dedans les instructions à conserver.

Il te suffira de venir les récupérer dans le sac-à-dos pour les insérer dans le code d'un autre lutin. Tu peux même sauvegarder du code d'un projet à un autre !

Modifie la valeur du nombre dans le bloc et teste l'effet produit.
Tu as vu ? Plus le nombre est élevé, plus l'orbite du lutin s'éloigne du centre !

Si le nombre est trop élevé, ton lutin sort de l'écran ! Pour qu'il reste à l'intérieur de ton écran, ajoute le bloc

`rebondir si le bord est atteint`

Pour ta mission :
Demande à ta planète :
• de tourner de 2 degrés
• d'avancer de 10
• de rebondir si le bord est atteint.

3) Fais dessiner ton lutin.

Chaque lutin a un stylo. Par défaut, il n'est pas activé.

Pour que le lutin dessine, va dans les Scripts **Stylo** et choisis le bloc

`stylo en position d'écriture`

Ajoute-le dans une nouvelle série de code comme ceci :

`quand ⚑ cliqué`
`stylo en position d'écriture`

Clique sur ⚑ : ton lutin trace un trait bleu le long de sa trajectoire.

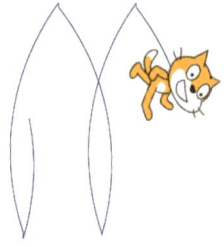

Pour ta mission :
Active le stylo de la planète pour dessiner sa trajectoire.

Ajoute des effets !

4 Ajoute des effets visuels à ton lutin.

Tu souhaites modifier l'apparence de ton lutin ?
Dans les Scripts **Apparence**, choisis le bloc

`ajouter à l'effet couleur ▼ 25`

Clique sur la petite flèche noire et sélectionne l'effet qui t'intéresse.

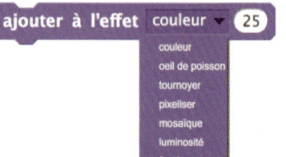

LE CONSEIL DE LILI

Tu veux relever le stylo ?
Prends dans les Scripts Stylo le bloc

`relever le stylo`

Tu veux modifier ton dessin ?
Pour effacer le tracé précédent, choisis dans les Scripts Stylo le bloc

`effacer tout`

Ajoute-le à la boucle.

En modifiant la valeur du nombre, précise la vitesse à laquelle tu souhaites que l'effet soit joué.

Pour ta mission :
Fais tournoyer ta planète.

5 Crée un effet aléatoire.

Tu veux rendre un effet aléatoire pour que ton dessin soit le résultat du hasard ? Dans les Scripts **Opérateurs**, choisis le bloc

`nombre aléatoire entre 1 et 10`

Ajoute-le à droite de ton bloc « Ajoute à l'effet » à la place du nombre.

Teste ce bloc en choisissant 2 nombres très éloignés.
Tu as vu ? Plus l'écart entre ces 2 nombres est important, plus le tracé de ton lutin est aléatoire !

Pour ta mission :
Fais tournoyer ta fusée avec un effet aléatoire de 1 à 10.

6 Change la couleur du stylo.

Dans les Scripts **Stylo**, choisis le bloc

`choisir la couleur ■ pour le stylo`

Clique sur le petit carré de couleur. Ta souris devient une pipette et peut sélectionner n'importe quelle couleur de ton écran !

Tu veux que ta couleur change au cours du dessin ?
Indique à ton lutin à quel moment il doit changer de couleur.

```
choisir la couleur ■ pour le stylo
avancer de 10
choisir la couleur ■ pour le stylo
```

Tu veux que ce changement soit répété régulièrement ? Crée une boucle.

```
répéter indéfiniment
    choisir la couleur ■ pour le stylo
    avancer de 10
    choisir la couleur ■ pour le stylo
    avancer de 10
```

Tu veux que la couleur change constamment ?
Dans les Scripts **Stylo**, choisis le bloc

`ajouter 10 à couleur du stylo`

En modifiant la valeur du nombre, le changement se fait plus ou moins progressivement.

7 Change la largeur du stylo.

Tu veux jouer sur l'épaisseur du tracé ?
Dans les Scripts **Stylo**, choisis le bloc

`choisir la taille 1 pour le stylo`

Modifie la valeur du nombre pour choisir l'épaisseur que tu souhaites.

Tu veux que le tracé varie au cours du dessin ?
Programme cette variation en déterminant un nombre aléatoire à l'aide du bloc

`nombre aléatoire entre 1 et 10`

8 Nuance l'intensité du tracé.

Tu veux faire varier l'intensité de ton tracé ?
Dans les scripts **Stylo** choisis le bloc

`ajouter ○ à l'intensité du stylo`

Par défaut, la valeur de l'intensité est 50. Plus la valeur se rapproche de zéro, plus la couleur baisse en intensité. Plus la valeur se rapproche de 100, plus la couleur augmente en intensité.

9 Remets à zéro les effets.

Pour repartir d'une scène blanche quand tu cliques sur ⚑, tu dois donner l'instruction d'effacer les effets exécutés auparavant.
Dans les Scripts **Stylo**, choisis le bloc

`effacer tout`

et place-le au début du bout de code qui programme les effets visuels.

En bref

Bravo, tu viens de créer ton premier dessin automatique !

Retrouve le détail de ce projet sur
https://scratch.mit.edu/projects/99985010

As-tu pensé à provoquer des explosions dans ta galaxie ?

Imagine une histoire

Crée une histoire et invente un dialogue entre deux personnages.

1. Babacar est désespéré après le cataclysme qui a frappé sa planète.

2. Il décide d'aller chercher de l'aide sur une autre planète.

3. Il rencontre Al et lui raconte ce qui lui est arrivé.

4. Al lui propose son aide.

Ta mission : programmer la rencontre de Babacar et d'Al !

Quelques indices

Au départ...

❶ Prépare tes décors.

Ajoute les arrière-plans de ton histoire et nomme-les.

Pour ta mission :
- L'arrière-plan «Surface-dévastée»
- L'arrière-plan «Planète Al»

❷ Choisis tes lutins.

Ajoute les lutins de ton histoire (personnages et objets) et nomme-les.

S'ils vont changer de costume au cours de l'histoire, pense à les faire basculer sur leur costume de départ à l'aide du bloc

`basculer sur costume droite`

Pour ta mission :
- Babacar pas content
- Al droit
- Fusée

❸ Positionne les éléments de ton histoire.

Rappelle-toi : tous les arrière-plans ont la même page de code.

Pour indiquer le décor qui correspond à chaque étape de ton histoire, il te faut «basculer» sur celui-ci.

Indique le décor de départ comme ceci :

`quand 🏁 cliqué`
`basculer sur l'arrière-plan planète-dévastée`

Sélectionne à l'aide de la flèche noire l'arrière-plan par lequel commence ton histoire.

Indique la position de chaque lutin dans sa fenêtre de code.

N'oublie pas d'aller dans les Scripts **Apparence** et d'utiliser les blocs

`montrer` et `cacher`

pour faire apparaître au début de ton histoire les bons personnages et rendre invisibles ceux qui apparaîtront plus tard.

Pour ta mission :
- Bascule sur l'arrière-plan «Surface-dévastée».
- Rentre les coordonnées de Babacar : $x = -123$; $y = -101$.
- Rentre les coordonnées de Al : $x = -169$; $y = -86$.
- Rentre les coordonnées de la fusée : $x = 2$; $y = -93$.
- Montre Babacar et la fusée.
- Cache Al.

Que va-t-il se passer ?

❹ Commence ton histoire.

Quelle est la situation de ton héros au début de l'histoire ?

Demande-lui de la raconter et code ses paroles à l'aide du bloc

`dire Hello! pendant 2 secondes`

Pense à découper en différentes bulles le texte de ton lutin et à créer des respirations.

Pour ta mission :
Babacar dit : *Tous les habitants de ma planète ont disparu ! Que s'est-il donc passé ? Je vais aller me renseigner sur V2X618.*

5️⃣ Fais partir ton héros.

Ton personnage doit partir dans un autre lieu et tu veux donner l'impression qu'il prend un véhicule pour s'y rendre ?

Fais-le d'abord rejoindre son véhicule à l'aide du bloc

Indique dedans les coordonnées du véhicule.

Tu veux que ton héros rejoigne son véhicule plus vite ? moins vite ? Ajuste le nombre de secondes.

Pour faire monter ton lutin à bord : cache-le.

<u>Pour ta mission :</u>
• Indique à Babacar de se glisser aux coordonnées de la fusée.

• Puis cache-le.

Ça y est : Babacar est à bord de la fusée !

6️⃣ Synchronise l'action de deux lutins.

Tu veux synchroniser deux lutins ?

Demande au dernier lutin en action d'envoyer un message au lutin suivant pour lui dire que c'est à lui de jouer.

Si tu veux que le véhicule démarre, par exemple, envoie le message « démarrage » au lutin véhicule. N'oublie pas de prévenir le lutin « véhicule » qu'il peut démarrer quand il reçoit ce message, sinon, l'information ne déclenchera aucune action !

Tu dois ainsi toujours coder en même temps 2 instructions :
• Ajoute dans le code du lutin qui a fini le bloc qui se trouve dans les Scripts **Événement**

> `envoyer à tous message 1`

• Ajoute dans le code du lutin qui doit agir le bloc qui se trouve dans les Scripts **Événement**

> `quand je reçois message 1`

Glisse en-dessous les instructions qu'il doit ensuite exécuter.

LE COUP D'ŒIL DE FÉLIX

Nomme précisément ton message afin de savoir exactement à quelle information il renvoie. Cela t'évitera de te tromper si tu en utilises plusieurs !

Pour ta mission :
Quand il est entré dans la fusée, Babacar informe la fusée qu'elle peut décoller.

• Ajoute dans le code de Babacar

`envoyer à tous décollage`

• Ajoute dans le code de la fusée

`quand je reçois décollage`

7 Fais voyager ton héros.

Comment suggérer le mouvement d'un véhicule ? En créant l'illusion de la distance parcourue et en jouant sur l'effet de perspective !

Pour cela, c'est très simple : il te suffit de faire disparaître le véhicule puis de le faire réapparaître en plus petit au loin.

• Utilise le bloc

`cacher`

pour faire disparaître le lutin « Véhicule ».

• Réduis sa taille à l'aide du bloc

`mettre à 50 % de la taille initiale`

qui se trouve dans les Scripts **Apparence**.

• Déplace-le là où tu veux qu'il réapparaisse dans ton décor avec le bloc

`aller à x: ● y: ●`

• Fais-le réapparaître à l'aide du bloc

`montrer`

Pour ta mission :
• Demande à la fusée de disparaître, puis de réapparaître à 15 % de sa taille à l'emplacement suivant : x = –60 ; y = 96.

LE CONSEIL DE LILI

Tu veux réduire ou agrandir ton lutin en un clic ? Sers-toi des boutons situés dans la barre grise tout en haut de la page.

• Clique sur 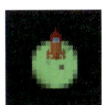 : la fusée disparaît puis réapparaît sur la petite planète qui se trouve à l'arrière-plan du décor !

• Clique de nouveau sur ⚑ : ta fusée est à 15 % au début de ton histoire ! Eh oui ! il faut que tu lui précises de se mettre à 100 % à chaque fois que tu cliques sur ⚑.

Pour cela, ajoute au début du code de la fusée cette instruction :

`quand ⚑ cliqué`
`mettre à 100 % de la taille initiale`

8 Crée une transition.

Pour que l'enchaînement des différentes actions de ton histoire ne soit pas trop brutal, ajoute des pauses à l'aide du bloc

`attendre 3 secondes`

Pour ta mission :
Laisse ta fusée 3 secondes sur la petite planète au loin afin que l'on voie bien qu'elle s'est déplacée.

9 Passe à l'étape suivante de ton histoire.

Pour que ton histoire puisse continuer, le lutin qui était en action doit à présent informer tous les arrière-plans et les autres lutins qu'il a terminé son action avec le bloc

`envoyer à tous message 1`

Pour que les arrière-plans et les lutins exécutent ce qu'ils doivent faire à présent, ajoute dans le code de chacun d'eux le bloc

`quand je reçois message 1`

Puis donne à chacun les instructions nécessaires.

Pour ta mission :
• Demande à la fusée d'envoyer à tous le message « atterrissage ».

• Ajoute à chaque arrière-plan et lutin l'information qu'il a reçu le message « atterrissage ».

• Demande à l'arrière-plan de basculer sur « Planète Al ».

• Demande à la fusée d'atterrir en réapparaissant à 100 % de sa taille initiale à l'emplacement x = 65 ; y = –79.

• Demande à Al de se montrer.

• Demande à Babacar de sortir de la fusée en se montrant et en allant aux coordonnées x = –65 ; y = –91.

Clique sur 🚩 : Babacar se retrouve sur la planète de Al !

10 Donne le point de départ du dialogue.

Définis l'événement qui va donner le signal du départ au dialogue à l'aide des blocs

`envoyer à tous message 1`

et `quand je reçois message 1`

Pour ta mission :
Indique dans le code que le dialogue va commencer quand Babacar est sorti de la fusée. Pour cela, Babacar doit envoyer un message et Al a besoin de savoir qu'il peut parler quand il reçoit ce message.

11 Crée un dialogue entre deux personnages.

Définis dans le code de chaque lutin le texte qu'il doit prononcer à l'aide du bloc

`dire ☐ pendant ◯ secondes`

Pour ta mission :
Code le dialogue suivant :

Al : *Bonjour ! Je m'appelle Al !*

Babacar : *Salut, Al ! Ma planète a été dévastée par un cataclysme. Peux-tu m'aider à retrouver les habitants de ma planète ?*

Al : *J'ai vu un éclair. Après avoir frappé ta planète, il s'est dirigé vers Labyrinthus.*

Babacar : *La planète Labyrinthus ? Je dois m'y rendre sans tarder !*

Al : *Je viens avec toi !*

Babacar : *Merci, Al !*

Clique sur 🚩 : les 2 personnages parlent en même temps !

⑫ Synchronise le dialogue.

Comment faire en sorte que les personnages parlent chacun leur tour et respectent l'ordre du dialogue ?

Pour caler l'interaction entre tes personnages, tu dois respecter 2 règles :

• Dire à chaque lutin d'envoyer un message quand il a fini une réplique à l'aide du bloc « Envoyer à tous ».

• Indiquer à chaque lutin quand il peut répondre à l'aide du bloc « Quand je reçois ».

Attention : pense bien à donner un nom différent à chaque message !

Tu peux aussi montrer la réaction d'un personnage à ce que l'autre lui raconte en le faisant changer de costume.

Pour ta mission :
• Ajoute les instructions nécessaires pour que les répliques de Babacar et d'Al s'enchaînent dans le bon ordre.

• Demande à Al de basculer sur le costume « pas content » quand Babacar lui a raconté qu'un cataclysme a fait disparaître les habitants de sa planète.

⑬ Cale une action après un dialogue.

Quand le dialogue est terminé, le dernier personnage qui parle doit prévenir les autres lutins à l'aide du bloc « Envoyer à tous ». Tu peux coder l'action qui suit le dialogue dans le code du lutin concerné en lui disant de l'exécuter quand il reçoit ce message.

Pour ta mission :
• Quand Babacar a fini de parler, il monte dans la fusée.

• Al monte après lui dans la fusée.

• La fusée disparaît.

Ajoute des effets !

⑭ Associe un son à une action.

Tu veux jouer un son pour mettre en valeur l'action d'un lutin ?

Va dans les Scripts **Sons** et insère dans le code du lutin le bloc

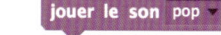

⑮ Choisis un son.

Choisis un son en cliquant sur la flèche noire à droite du bloc.

Pour ajouter un son, clique sur l'onglet **Sons** dans la colonne centrale et va dans « Nouveau Son ».

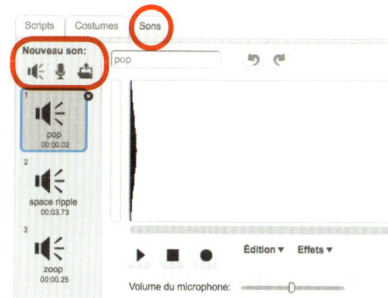

Si tu utilises le bloc

jouer le son space ripple

tu peux passer au bloc suivant sans attendre la fin du son.

Si tu utilises le bloc

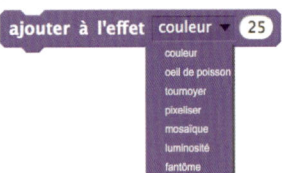

le code attend que le son ait fini de jouer avant de passer au bloc suivant.

Pour ta mission :
Utilise le son pour faire comprendre que la fusée décolle :
• Ajoute au code de la fusée le son « space ripple » lorsqu'elle est prête à décoller.

• Ajoute au code de Al le son « pop » lorsqu'il monte à bord de la fusée.

• Ajoute au code de la fusée le son « zoop », joué jusqu'au bout, avant qu'elle ne se cache pour décoller.

16 Associe un effet graphique à une action.

Tu veux modifier l'apparence de ton lutin à un moment précis de ton histoire ?

Va dans les Scripts **Apparence** et teste le bloc

LE CONSEIL DE LILI

Quand tu ajoutes un effet graphique, n'oublie pas de l'annuler, si besoin, dans la suite de ton code, avec le bloc

`annuler les effets graphiques`

Pour ta mission :
Pour indiquer visuellement que la fusée va décoller, ajoute-lui un effet « Fantôme ».

Clique sur 🚩 : la fusée devient transparente !

Répète l'effet « Fantôme » pour créer un effet progressif :

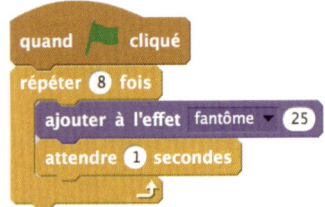

Clique sur 🚩 : la fusée devient progressivement transparente avant de disparaître !

En bref

Bravo, tu viens de coder ta première histoire !

Retrouve le détail de ce projet sur
https://scratch.mit.edu/projects/99985278

Au fait, as-tu essayé d'animer le décor de la planète d'Al en ajoutant des lutins (fleurs, nuages, etc.) ?

Interagis avec le joueur

Pose des questions au joueur et fais-le interagir avec ton programme.

1. Al et Babacar demandent au joueur son prénom.

2. Ils lui demandent de les aider à sortir de la boîte où ils sont enfermés.

3. Ils lui demandent d'ouvrir la porte.

4. Ils sortent de la boîte.

Ta mission : programmer un jeu où le joueur va libérer Al et Babacar !

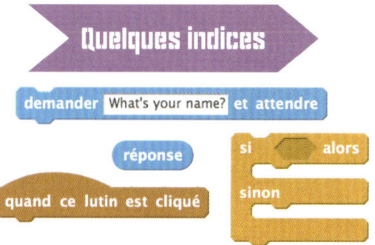

Quelques indices

Au départ...

1 Prépare ton décor.

Pour ta mission :
Importe l'arrière-plan «Décor-cage».

2 Choisis tes lutins.

Ajoute des lutins, nomme-les et fixe leur emplacement.

Pour ta mission :
• Babacar : place-le en x = 12 ; y = –67. Montre-le et fais-le basculer sur le costume «pas content».

• Al : place-le en x = –119 ; y = –67. Montre-le et fais-le basculer sur le costume «pas content».

3 Enferme un personnage.

Ajoute un lutin «Porte».
Fixe son emplacement par rapport à la boîte.

Pour ta mission :
Les coordonnées de la porte sont :
x = 108 ; y = –12.

4 Prépare un lutin sur lequel le joueur pourra cliquer pour agir.

Choisis un lutin qui permettra au joueur d'agir sur le jeu en cliquant dessus.

Attention : au début, il n'est pas visible. Tu dois donc le cacher.

Pour ta mission :
• Importe le bouton

• Place-le à l'emplacement x = 201 ; y = –139.

• Cache-le.

5 Introduis la situation.

Fais parler ton lutin pour expliquer au joueur la situation.

Pour ta mission :
• Babacar dit : *Mais, où avons-nous atterri ? Où est la fusée ?*

• Demande à Babacar d'envoyer un message aux autres lutins quand il a fini de parler à l'aide du bloc

Que va-t-il se passer ?

6 Fais réagir le lutin à la présence du joueur.

Pour créer un lien entre ton lutin et le joueur, tu peux changer la posture, en les tournant face au joueur, par exemple.

Pour ta mission :
• Fais basculer le costume de Al et Babacar sur leurs costumes «de face» quand Babacar a fini de prononcer sa première phrase.

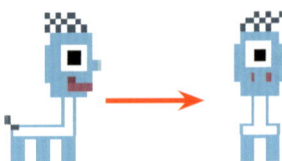

• Coordonne leur changement d'attitude avec une remarque de Al :
Attends ! Nous sommes observés !
Fais apparaître cette bulle pendant 3 secondes.

7️⃣ Pose une question au joueur.

Tu peux taper une question dans une bulle de texte en utilisant le bloc

Mais ce qui t'intéresse ici, c'est que le joueur puisse te répondre et te donner une information que tu vas utiliser ensuite dans ton animation.

Pour cela, il faut aller dans les Scripts **Capteurs** et utiliser le bloc

`demander ⬜ et attendre`

Grâce à ce bloc, quand le lutin pose la question, une barre de réponse s'affiche en bas de la scène. Il attend ensuite jusqu'à ce que le joueur ait rédigé sa réponse.

La barre de texte s'efface dès que le joueur a validé sa réponse en tapant sur la touche Entrée.

Pour ta mission :
Demande à Al de dire au joueur : *Hey toi ! Comment tu t'appelles ?* et d'attendre la réponse.

LE CONSEIL DE LILI

Tu souhaites t'adresser à ton joueur en l'appelant par son prénom ?

Plutôt que de faire 2 bulles de texte, tu peux regrouper dans une même bulle le prénom qu'il t'a donné et ce que tu veux lui dire.

Pour cela, va dans les Scripts **Opérateurs** et prends le bloc

`regroupe ⬜ ⬜`

Dedans, glisse la « réponse » (ici le nom du joueur) et ce que tu veux dire au joueur :

`regroupe (réponse) (Peux-tu nous aider?)`

Puis insère l'ensemble dans le bloc

`demander ⬜ et attendre`

8️⃣ Utilise l'information donnée par le joueur.

Dans les Scripts **Capteurs**, la réponse donnée par le joueur (quelle qu'elle soit) est mémorisée dans le bloc

`réponse`

Pour que le lutin utilise la réponse du joueur, il doit se servir de ce bloc.

Pour ta mission :
Demande à Al de dire dans une bulle de texte le prénom du joueur comme ceci :

9 Définis une réponse qui fera agir ton lutin.

Dans l'exemple précédent, la question est ouverte, il y a autant de réponses possibles que de joueurs et cela ne modifie pas la suite de l'animation.

Mais tu peux aussi poser une question et déterminer que seule la réponse de ton choix permet au joueur d'avancer dans le jeu.

Par exemple, si tu poses une question qui a pour réponse « oui » ou « non », tu peux décider que seule la réponse « oui » débloquera la suite du jeu.

Pour définir la réponse valide, va dans les Scripts **Opérateurs** et choisis le bloc

Cet outil de comparaison te permet de définir une condition.

Tu peux ainsi définir que la réponse qui fait avancer le jeu est « oui » :

Pour ta mission :
• Demande à Al de dire *Peux-tu nous aider ?* et d'attendre la réponse.

• Définis que la réponse que tu attends est « oui ».

10 Adapte la réaction du lutin à la réponse du joueur.

Va dans les Scripts **Contrôle** et choisis le bloc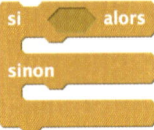

Glisse la réponse que tu as définie comme ceci :

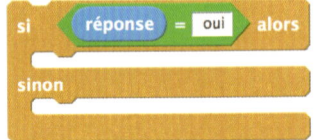

Que veux-tu qu'il se passe si le joueur répond « oui » ?
Glisse l'action de ton choix en dessous de la condition « Si réponse = oui, alors ».

Et si le joueur répond autre chose que « oui » ? Que va-t-il se passer ? Décide quelle action doit faire ton lutin si ta condition n'est pas remplie et glisse l'instruction en dessous de « sinon ».

Pour ta mission :
Va dans la fenêtre de code de Al.

• Si le joueur répond « oui », Al dit : *Fais-nous sortir d'ici !* pendant 2 secondes.

LE COUP D'ŒIL DE FÉLIX

Quand tu codes une instruction de type « Si ..., alors ... », tu crées une condition.

Tu dois donc donner à ton programme deux instructions différentes :

• une instruction pour quand la condition est remplie ;

• une instruction pour quand la condition n'est pas remplie.

C'est comme dans la vie de tous les jours, lorsque tu dis, par exemple : « S'il pleut, je prends un parapluie ; sinon, je le laisse à la maison. »

Eh oui, quand tu codes, tu ne dois rien laisser au hasard !

• Si le joueur répond autre chose, Al dit : *Oh non, ne nous laisse pas enfermés ici…* pendant 2 secondes.

⑪ Demande à l'utilisateur de cliquer sur un lutin.

Fais apparaître le lutin sur lequel le joueur va devoir cliquer pour agir sur le jeu.
Quand c'est fait, le lutin cliqué doit immédiatement envoyer un message aux autres lutins pour les prévenir afin que l'action suivante puisse s'exécuter.

```
quand ce lutin est cliqué
envoyer à tous  message1 ▼
```

Pour ta mission :
Il est temps maintenant de te servir du bouton que tu as préparé au tout début !

• Demande à Al d'envoyer un message pour faire apparaître le bouton qui va permettre au joueur de faire sortir les deux personnages de la boîte.

```
envoyer à tous  apparition bouton ▼
```

• Dans la fenêtre de code du bouton, indique qu'il peut se montrer quand il a reçu le message « apparition bouton ».

Dis-lui ensuite, quand il est cliqué, de prévenir tous les lutins.

⑫ Programme l'action que le bouton va déclencher.

Dans le code du lutin qui doit agir ensuite, ajoute le bloc

```
quand je reçois  bouton cliqué ▼
```

Puis glisse en dessous l'action à exécuter.

Pour ta mission :
• Quand le joueur clique sur le bouton, la porte s'ouvre.

Comment ouvrir la porte ? C'est très simple, il suffit de la faire glisser vers le haut, c'est-à-dire sur son axe vertical. Pour cela, on modifie uniquement la valeur de y.

Demande à la porte de glisser en 1 seconde à l'emplacement x = 108 ; y = 170.

• Demande à la porte d'envoyer un message pour dire à Babacar et Al qu'elle est ouverte.

• Quand Al reçoit le message que la porte est ouverte, il bascule sur le costume « droit ».

• Quand Babacar reçoit le message que la porte est ouverte, il dit : *La porte est ouverte, allons-y !* Puis il bascule sur le costume « content ».

Tu montres ainsi au joueur qu'ils se dirigent tous les deux vers la sortie.

Ajoute des effets !

⓭ Dessine un lutin.

Tu peux dessiner toi-même la porte qui ferme la boîte.

Quand tu ajoutes un nouveau lutin, clique sur ✏ .

L'onglet « Costumes » s'ouvre.
Sur la gauche, une palette d'outils apparaît :

- 🖌 le pinceau pour dessiner à main levée
- \ la ligne pour tirer des traits droits
- ▬ le rectangle
- ● l'ellipse
- T le texte
- 🎨 le pot de peinture pour remplir une zone fermée avec une couleur
- 🧽 la gomme pour effacer
- ✋ la main pour sélectionner une zone
- 🪄 la baguette pour retirer de l'arrière-plan
- 🖈 le tampon pour dupliquer (copier)

LE CONSEIL DE LILI

Tu veux effacer ce que tu viens de dessiner ? Utilise la flèche arrière pour revenir à l'étape précédente.

Tu veux revenir plus loin en arrière ? Clique dessus plusieurs fois, et sers-toi de la flèche avant si tu es allé trop loin.

En bas à gauche, tu peux modifier la largeur de ton pinceau à l'aide du curseur.

En bas au milieu, tu peux choisir la couleur de ton pinceau.

En haut de la fenêtre, tu as plusieurs boutons très utiles :

- `Effacer` tout effacer
- `Ajouter` importer un élément depuis la bibliothèque de costumes
- `Effacer` importer une image depuis ton ordinateur
- ⌞⌝ recadrer l'image
- ⇄ retourner horizontalement l'image
- ⇅ retourner verticalement l'image
- ✛ définir le centre de l'image

Tout ce que tu dessines dans la fenêtre du costume apparaît immédiatement sur la scène à gauche.

En bref

Bravo, tu sais maintenant interagir avec le joueur qui se sert de ton programme !

Retrouve le détail de ce projet sur
https://scratch.mit.edu/projects/99986902

Au fait, as-tu essayé de poser d'autres questions à ton joueur ?

Code ton premier jeu

Crée un labyrinthe avec un obstacle !

1. Al et Babacar débouchent à l'entrée d'un labyrinthe.

2. Ils se heurtent à une porte fermée.

3. Le joueur leur ouvre la porte.

4. Quand ils atteignent la sortie, ils disparaissent.

Ta mission : programmer un labyrinthe !

Quelques indices

   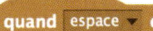

Au départ...

1) Crée un labyrinthe.

Clique sur ✏ pour dessiner un nouvel arrière-plan.

Trace le contour et les couloirs du labyrinthe.

Prévois une entrée, une sortie et des impasses.

Pour ta mission :
Importe l'arrière-plan « Niveau 1 ».

2) Place un lutin à l'entrée.

Ajoute un lutin et fixe son emplacement de départ, puis rends-le visible.

Ajuste sa taille, si nécessaire, à la largeur des couloirs avec le bloc

Pour ta mission :
• Demande à Babacar-content d'aller en x = −163 ; y = −138.

• Demande à Al-pas content d'aller en x = −195 ; −138.

3) Prépare la sortie.

Crée un lutin « Sortie » (une porte, par exemple).

Place-le à la sortie du labyrinthe à l'aide du bloc

`aller à x: ⬤ y: ⬤`

Pour ta mission :
Ajoute le lutin « Sortie » à l'emplacement x = −49 ; y = 46.

Que va-t-il se passer ?

4) Paramètre l'action des flèches.

Pour déplacer le lutin dans le labyrinthe, le joueur va se servir des 4 flèches de son clavier. Tu dois donc dire à ton programme ce qu'il doit faire à chaque fois que le joueur presse une des flèches.

Dans les Scripts **Événement**, choisis le bloc

Glisse-le 4 fois dans le code du lutin qui va traverser le labyrinthe : 1 bloc pour chaque flèche.

Paramètre ensuite le mouvement que va exécuter chaque flèche à l'aide des blocs

`avancer de ⬤`

pour indiquer le nombre de pas et

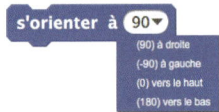

pour indiquer la direction.

Pour ta mission :
• Flèche du haut : aller vers le haut et avancer de 10 pas.

• Flèche du bas : aller vers le bas et avancer de 10 pas.

• Flèche de droite : aller vers la droite et avancer de 10 pas.

• Flèche de gauche : aller vers la gauche et avancer de 10 pas.

LE COUP D'ŒIL DE FÉLIX

Quand ton lutin change de position sur x et y, son angle de rotation varie.

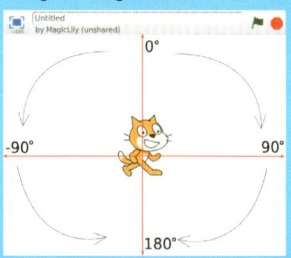

Vers le haut : angle de rotation = 0°.
Vers la droite : angle de rotation = 90°.
Vers le bas : angle de rotation = 180°.
Vers la gauche : angle de rotation = - 90°.

⑤ Empêche le lutin de traverser les murs.

Si tu cliques sur une flèche, ton personnage se déplace bien dans la direction souhaitée, mais il traverse les murs !

Comment faire pour que les murs du labyrinthe bloquent le lutin ?

Tu dois créer dans ton programme une condition : si ton personnage touche un mur, alors il doit reculer.

Dans les Scripts **Contrôle**, prends le bloc

`si ⬡ alors`

Dans les Scripts **Capteurs**, prends le bloc

Insère-le après le « si » pour former ta condition.

Clique sur le carré coloré, puis clique sur un mur afin de choisir la couleur que ton lutin n'aura pas le droit de traverser.

Code l'instruction pour que le lutin recule.

`avancer de ⬤`

Rappelle-toi : pour le faire aller dans le sens contraire, tu dois donner un nombre de pas négatif au lutin !

Pour ta mission :
• Demande à Babacar de reculer de 12 pas à chaque fois qu'il se heurte à un mur.

`si couleur ■ touchée? alors`
`  avancer de -12`

• As-tu bien pensé à le faire pour les 4 directions ?

`quand flèche haut est cliqué`
`quand flèche bas est cliqué`
`quand flèche gauche est cliqué`
`quand flèche droite est cliqué`

• Demande aussi à Babacar de reculer de 12 pas s'il touche la porte afin de l'empêcher de la franchir.

Comme tu lui donnes la même instruction que pour les murs, tu peux regrouper les 2 instructions ensemble.

Dans les Scripts **Opérateurs**, choisis le bloc

`◇ ou ◇`

Intègre-le dans le bloc de la condition « si… alors » en ajoutant de part et d'autre du « ou » les 2 cas de figure où le lutin doit obéir à cette instruction.

`couleur ■ touchée? ou Porte touché?`

6 Définis si ton lutin pivote.

Par défaut, ton lutin se retourne quand il change de direction.

Dans les Scripts **Mouvement**, un bloc te permet de régler la posture du lutin :

• Sélectionne « position à gauche ou à droite » pour faire pivoter le lutin horizontalement.

• Sélectionne « ne pivote pas » pour que le lutin regarde toujours dans la même direction.

• Sélectionne « à 360° » pour faire tourner le lutin librement.

Place-le au début du code de ton lutin après le bloc « Montrer ».

Pour ta mission :
Demande à Babacar d'être en « position à gauche ou à droite ».

7 Fais marcher ensemble deux lutins.

Tu veux qu'un deuxième lutin suive automatiquement le premier ?

Crée dans sa fenêtre de code la boucle d'instruction suivante :

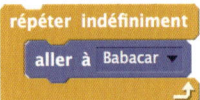

Clique sur la flèche noire pour choisir le lutin qu'il doit suivre.

Clique sur une flèche du clavier : les deux lutins sont l'un sur l'autre ! Pour les séparer, tu dois créer une distance entre eux à l'aide du bloc

Regarde ce qui se passe si tu mets un nombre positif ou un nombre négatif ! Quel lutin est devant l'autre ?

Pour ta mission :
• Al dit pendant 2 secondes : *Je te suis, j'ai trop peur !*

• Demande à Al de suivre Babacar en restant à 20 pas derrière lui.

LE CONSEIL DE LILI

Pour que Al soit toujours derrière Babacar, il faut qu'il soit à sa gauche (– 20 pas) quand ils se dirigent vers la droite. Inversement, il faut qu'il se tienne à sa droite (+ 20 pas) s'ils vont à gauche. C'est à toi de préciser cela dans le code à l'aide d'une condition :

et des blocs

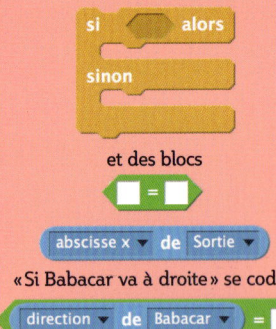

8 Fais disparaître le lutin à la sortie du labyrinthe.

Pour indiquer au joueur que son lutin a atteint la sortie, fais disparaître celui-ci.

Demande d'abord au lutin « Sortie » de prévenir quand le personnage l'a touché.

Pour cela, va dans les Scripts **Capteurs** pour prendre le bloc

`▼ touché?`

et crée la condition :

```
si  ▼ touché?  alors
    envoyer à tous  sortie atteinte ▼
```

Si tu as 2 personnages dans le labyrinthe, n'oublie pas de prévoir que les 2 peuvent toucher la sortie à l'aide du bloc

`ou`

que tu utilises ainsi :

Glisse les instructions dans une boucle. Demande ensuite à chaque personnage de se cacher quand il reçoit l'avertissement de la « Sortie ».

```
quand je reçois  sortie atteinte ▼
cacher
```

Pour ta mission :
• Demande à la porte de sortie d'envoyer un message à tous quand Al ou Babacar la touche.

• Fais disparaître Al et Babacar quand ils ont atteint la porte de sortie.

Ajoute des effets !

9 Ajoute une porte coulissante.

Tu peux ajouter des obstacles supplémentaires sur le parcours, comme une porte fermée que le joueur pourra ouvrir en cliquant sur un bouton.

Crée un lutin « porte » et détermine son emplacement dans le labyrinthe à l'aide du bloc

Ajuste sa taille à la largeur de ton couloir à l'aide du bloc

`mettre à ⬤ % de la taille initiale`

Pour ta mission :
Ajoute la porte et place-la en x = –105 ; y = –29.

10 Ajoute un bouton pour activer la porte.

Ajoute un lutin « Bouton » et place-le à un endroit qui ne gênera pas la traversée du labyrinthe.

Demande au bouton d'envoyer un message quand il est cliqué à l'aide du bloc

`quand ce lutin est cliqué`

Pour ta mission :
Ajoute le bouton et place-le en x = –91 ; y = –176.

Attention : si tu réutilises le bouton et la porte de ton précédent projet, n'oublie pas de réduire leur taille ! Pour cela, utilise le bloc

`mettre à  25  % de la taille initiale`

11 Fais coulisser la porte.

Dans le code de la porte, ajoute l'instruction que celle-ci doit suivre pour s'ouvrir à la suite du bloc

`quand je reçois bouton cliqué`

Pour ouvrir une porte, il faut la faire glisser sur son axe vertical, c'est-à-dire modifier la valeur de y, mais pas celle de x.

Essaie un chiffre positif et un chiffre négatif pour voir dans quel sens elle coulisse.

Ajuste la valeur de y de manière à ce que le passage soit suffisamment dégagé pour que le lutin puisse passer sans toucher la porte (sinon, il devra reculer).

La porte a donc 2 positions : une ouverte et une fermée. Si elle est déjà ouverte, le fait de cliquer sur le bouton la fermera. Par contre, si elle est fermée, cliquer sur le bouton l'ouvrira.

Pour coder cette instruction, tu dois coder

```
si  ordonnée y  =  [  ]  alors
    glisser en 1 secondes à x: (  ) y: (  )
sinon
    glisser en 1 secondes à x: (  ) y: (  )
```

Dans le bloc d'en haut, tu demandes à ouvrir la porte en la faisant passer de sa valeur fermée à sa valeur ouverte.

Dans le bloc d'en bas, tu demandes à la fermer en la faisant revenir à son ordonnée y de départ.

Pour ta mission :
Quand le bouton est cliqué, demande à la porte de s'ouvrir en glissant en y = −120

```
quand je reçois  bouton cliqué
si  ordonnée y  =  -29  alors
    glisser en 1 secondes à x: (-105) y: (-120)
sinon
    glisser en 1 secondes à x: (-105) y: (-29)
```

En bref

Bravo, tu viens de coder ton premier jeu !

Retrouve le détail de ce projet sur
https://scratch.mit.edu/projects/96239767

Au fait, as-tu essayé de faire bouger Al indépendamment de Babacar, par exemple avec la touche Z pour aller vers le haut, Q pour aller à gauche, D pour aller à droite et S pour aller vers le bas ?

Ajoute un score à ton labyrinthe !

Augmente la difficulté de ton labyrinthe en ajoutant des éléments à ramasser.

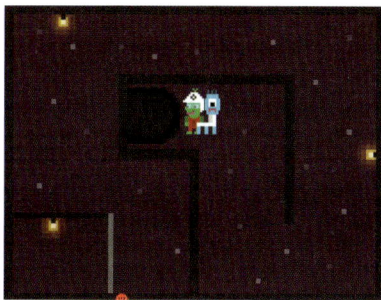

1. Al et Babacar atteignent la sortie du niveau 1.

2. Les deux amis basculent dans le niveau 2.

3. Ils ramassent des personnages dans leur besace.

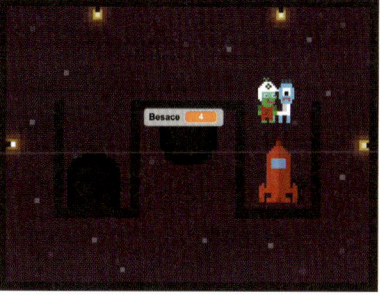

4. Ils sortent du labyrinthe en fusée !

Ta mission : programmer des éléments à ramasser !

Quelques indices

- variable
- montrer la variable Besace
- ajouter à variable 1
- mettre variable à 0

Au départ...

1 Importe le niveau 1.

Tu vas ajouter un niveau supplémentaire à ton labyrinthe.

Ouvre ton projet 6. Dans le menu « Fichier », clique sur « Télécharger dans votre ordinateur » pour l'enregistrer.

Ouvre un nouveau projet Scratch. Dans le menu « Fichier », clique sur « Importer depuis votre ordinateur » et renomme le projet « Labyrinthe à 2 niveaux » dans la barre en haut.

2 Ajoute les éléments du niveau 2.

Ajoute l'arrière-plan et les nouveaux lutins (Sortie, Obstacles, Bouton...) du niveau 2.

Si tu dessines un nouveau labyrinthe, vérifie que tes lutins ne puissent pas en traverser les murs à l'aide de la condition

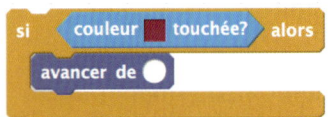

N'oublie pas de basculer sur le décor « Niveau 1 » et de cacher les lutins du niveau 2 quand le 🏳 est cliqué pour qu'ils ne soient pas visibles dans le niveau 1 !

Pour ta mission :
• Importe l'arrière-plan « Niveau 2 ».

• Ajoute et place les lutins suivants :
- Fusée : x = 124 ; y = –25.
- Maman gelée : x = 178 ; y = 118.
- Papa gelé : x = –74 ; y = 128.
- Habitant 1 gelé : x = 56 ; y = 100.
- Habitant 2 gelé : x = –195 ; y = 86.

3 Programme le changement de niveau.

Quand le joueur change de niveau, certains éléments disparaissent et de nouveaux éléments apparaissent. Ces changements s'exécutent lorsque le message « sortie atteinte » est envoyé.

Voici les éléments que tu dois alors programmer :
• Basculer sur l'arrière-plan du niveau 2.

```
quand je reçois  sortie atteinte
basculer sur l'arrière-plan  Niveau2
```

• Placer le héros au point de départ du niveau 2.

• Montrer les nouveaux lutins.

Pour ta mission :
• Commande à ton arrière-plan de basculer sur « Niveau 2 » quand il reçoit le message que la sortie est atteinte.

• Demande à Babacar de se rendre en x = –9 ; y = 13 quand il reçoit le message que la sortie est atteinte.

• Comme Al suit Babacar, tu n'as pas besoin de lui coder cette instruction.

• Demande aux lutins « gelés » de se montrer.

Que va-t-il se passer ?

4 Définis une variable.

Tu veux que le joueur ramasse des éléments dans le labyrinthe avant de sortir ? Et indiquer le score correspondant à l'écran ?

Pour cela, tu dois programmer une variable.

Ici, ta variable va te permettre de mémoriser et comptabiliser ces éléments ramassés. Nous l'appellerons donc « besace » car tu pourras les ranger dedans.

Crée un nouveau lutin « Besace ».

Dans les Scripts **Données**, clique sur

> Créer une variable

Nomme-la « Besace » afin d'associer sa valeur au lutin « Besace ». Cette valeur variera en fonction du nombre d'éléments ramassés.

Crée-la « pour tous les lutins » afin qu'elle agisse sur l'ensemble du jeu.

Pour que la besace n'apparaisse pas dans le niveau 1, tu dois la cacher et cacher sa variable.

N'oublie pas de mettre la variable à 0 pour que le score du joueur soit égal à 0 au début du niveau 2.

LE COUP D'ŒIL DE FÉLIX

Une variable est une information que ton programme enregistre et qu'il peut utiliser pour différentes manipulations.

Tu peux la considérer comme une sorte de boîte où tu vas ranger (enregistrer) et compter une série d'éléments.

Le nombre de ces éléments va changer en fonction de ce qu'il se passe dans ton programme et de ce que fait son utilisateur.

La variable est un élément très utile dans un programme. Elle permet d'afficher un score, un nombre de vies…

Fais apparaître le lutin « Besace » au début du niveau 2 lorsqu'il reçoit le message que la sortie est atteinte.

Dis-lui d'aller à l'emplacement de ton choix.

Pour ta mission :
• Crée un lutin puis une variable « besace » et cache-les.

• Mets la variable à 0.

• Demande à la besace de se montrer quand elle reçoit le message « sortie atteinte » et d'aller en x = 0 ; y = −66.

5 Fais apparaître le score du joueur.

Quand le niveau 2 démarre, le lutin « Besace » apparaît.

Quand le joueur va la toucher et la ramasser, tu vas la faire disparaître et montrer la variable qui lui est associée.

Ton joueur comprendra ainsi que, dans ce niveau, le but du jeu est de ramasser des éléments dans sa besace pour augmenter son score.

Tu dois donc créer la condition suivante : si le personnage touche le lutin « besace », la besace se cache.

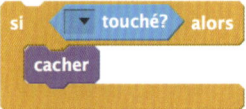

Ajoute à la suite dans le bloc l'instruction

Quand le joueur touche la besace, la barre de la variable s'affiche avec sa valeur initiale :

Pour ta mission :
• Demande au lutin « Besace » de disparaître si Babacar ou Al la touchent.

Tu te rappelles comment indiquer 2 possibilités ? Utilise le bloc

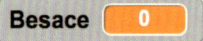

Et indique les 2 cas de figures possibles :

• Fais apparaître la variable.

6 Active le score.

À présent, tu dois demander à chaque élément à ramasser de disparaître s'il est touché. Pour cela, crée la condition

Comment faire maintenant pour agir sur le score ? Va dans les Scripts **Données** et choisis le bloc

Insère-le dans la condition. De cette façon, le score du joueur augmentera du nombre de points de ton choix quand il touchera l'élément.

Pour que la condition puisse s'effectuer n'importe quand, insère-la dans une boucle

Répète cette série d'instructions dans le code de chaque lutin que le joueur pourra ramasser.

Pour ta mission :
Dans notre labyrinthe, le but du jeu est que le joueur gagne 1 point à chaque fois qu'il ramasse un personnage gelé.

Ajoute au code de chaque personnage gelé une boucle avec les instructions :
• Disparaître s'il est touché par Babacar ou Al.

• Augmenter la variable de 1 s'il est touché.

7 Programme la sortie du labyrinthe.

Quand le joueur atteint la sortie, fais disparaître son personnage ! Ainsi, le joueur comprendra qu'il a gagné !

Demande au lutin « Sortie » d'envoyer un message quand il est touché puis de se cacher.

Tu peux ajouter un effet sonore, si tu le souhaites.

Demande au lutin du joueur de se cacher quand il reçoit le message que la sortie est atteinte.

Pour ta mission :
• Demande à la fusée d'envoyer un message quand Babacar ou Al l'a touchée.

• Ajoute le son « space ripple » quand la fusée est atteinte.

• Ajoute un effet « Fantôme » à la fusée et cache-la pour le décollage.

• Joue le son « zoop » jusqu'au bout quand elle disparaît.

• Demande à Babacar et à Al de se cacher quand ils reçoivent le message

`quand je reçois  fusée atteinte`

Ajoute des effets !

8 Crée une fausse sortie.

Tu veux ajouter un piège dans ton labyrinthe ? Une fausse sortie qui fera revenir le joueur à l'entrée du labyrinthe ?

Crée un lutin « Trou noir ».
Fais-le apparaître dans le niveau 2 et détermine son emplacement.

Crée une condition : s'il est touché, il doit envoyer à tous un message.

`si  touché?  alors`
`  envoyer à tous  trou noir atteint`

Comment à présent faire revenir le joueur à l'entrée du labyrinthe ?

C'est simple, quand le lutin du joueur reçoit le message, il doit revenir à son emplacement de départ.

`quand je reçois  trou noir atteint`
`aller à x: ● y: ●`

Pour ta mission :
• Importe le lutin « Trou noir » et place-le en x = –118 et y = –41.

• Demande au trou noir d'apparaître au niveau 2 et d'envoyer un message à tous s'il est touché.

• Demande à Babacar de revenir en x = –22 et y = 6 s'il tombe dans le trou noir.

• Comme Al suit Babacar, tu n'as pas besoin de modifier son code !

En bref

Bravo, tu viens de coder un jeu interactif avec score !

Retrouve le détail de ce projet sur
https://scratch.mit.edu/projects/98039191/

Au fait, as-tu essayé de coder un méchant qui fait perdre des vies ?

ISBN 978-2-07-058894-7
Copyright © 2016 Gallimard Jeunesse, Paris
Dépôt légal : août 2016
N° d'édition : 295138
Loi n° 49-956 du 16 juillet 1949
sur les publications destinées à la jeunesse

Imprimé et relié en Roumanie